SCHULE
EINBAHN
NZEILE →
KRUMME ALLEE
LINDENBAUMSTRASSE
8
Der alte Weg
Der neue Ampelweg

ISBN 3-224-11106-2 Jugend und Volk Wien

 · 4846-83/1/100
Druck: Ueberreuter, Wien

DER DACKELMANN HAT RECHT

Ein lustiges Buch vom Straßenverkehr

MIRA LOBE
SUSI WEIGEL

Jugend und Volk
Wien München

Lalibella und Tom-Tom stehen am Fenster.
,,Siehst du unsere Kinder?'' fragt Tom-Tom.
Lalibella reckt den langen Hals. ,,Sie sind im Garten. Meine Ina sitzt auf der Schaukel, und dein Niko spielt Fußball . . . Ach, du Schreck! Jetzt ist er weg!''
,,Wer ist weg?''
,,Der Ball. Durchs offene Gartentor auf die Straße gerollt. Und Niko rennt hinterher.''
,,Aber da kann ihm ja werweiß-was passieren!'' ruft Tom-Tom. ,,Mein Niko ist noch viel zu klein, der darf nicht allein auf der Straße sein.''
,,Hoppla!'' sagt Lalibella. ,,Jetzt ist meine Ina von der Schaukel gesprungen. Und rennt hinterdrein.''

Der Ball rollt vom Gehsteig auf die Fahrbahn.
Niko läuft hinter dem Ball her.
Ina läuft hinter Niko her.
Sie schauen nicht links. Sie schauen nicht rechts.

Bremsen kreischen. Räder quietschen. Hupen heulen.

Ein Mann mit grauen Haaren stürzt den Kindern nach und reißt sie zurück.
,,Halt! Was fällt euch denn ein?"
PLOPP! macht es auf der Fahrbahn. Ein Lastwagen ist über etwas Rundes, Rotes gerollt.
,,Mein Ball!" schreit Niko.
,,Besser der Ball als du", sagt der Mann und hält die Kinder fest.
Der Lastwagenfahrer beugt sich aus dem Fenster.
,,He Opa! Gib gefälligst besser acht auf deine beiden Schlingel!"
,,Das ist nicht unser Opa!" ruft Ina.
,,Überhaupt nicht unser Opa!" ruft Niko.
,,Das ist der Dackelmann", ruft Ina.
Auf dem Gehsteig steht der Dackel vom Herrn Dackelmann und bellt. Und Leute stehen da, und alle regen sich auf:
,,Nein, diese Kinder!" schimpft eine Frau. ,,Um ein Haar hätte es ein Unglück gegeben!"
,,Wenn das meine wären, die könnten was erleben!" schimpft ein Mann.
Der Dackelmann hält Ina und Niko am Kragen fest, als wollten sie ihm davonfliegen. ,,Los!" sagt er. ,,Gehen wir!"
Die Kinder kennen den Dackelmann schon lange. Eigentlich heißt er Dunkelmann und wohnt ein paar Häuser weiter. Früher war er Polizist. Jetzt kümmert er sich nur noch um seine Enkelkinder, um seine Blumen und seinen Dackel Lumpi.

V 522

,,Ich bringe euch zwei jetzt nach Hause'', sagt er. ,,Bin neugierig, was eure Eltern dazu sagen . . .''
,,Gar nichts'', behauptet Ina. ,,Die sind nicht so.''
,,Überhaupt nicht so'', sagt Niko.
Der Dackelmann nimmt die Kinder bei der Hand.
,,Was ist das?'' fragt Niko und öffnet ein Täschchen an Lumpis Halsband.
Ein Zettel steckt drin: *Ich heiße Lumpi Dunkelmann und wohne Lindenbaumstraße 14.*
,,Warum?'' fragt Niko.
,,Falls er verlorengeht'', sagt Ina. ,,Weil er nicht reden kann.''
,,Richtig''. Der Dackelmann nickt. ,,Aber ihr könnt es. Also?''
,,Ich heiße Ina Kratochwil'', sagt Ina, ,,und wohne Lindenbaumstraße acht''.
,,Ich heiße Niko Krokodil'', sagt Niko, ,,und wohne Limbumstraße acht, gute Nacht.''
,,Wieso gute Nacht?'' fragt der Dackelmann verblüfft.
,,Und wieso Krokodil?''
,,Weil ihm das besser gefällt'', sagt Ina.
,,Aber mir gefällt das gar nicht'', sagt der Dackelmann.
,,Solange Niko seinen richtigen Namen nicht weiß und seine richtige Adresse, muß er sie um den Hals tragen. So wie der Lumpi. Nur einen Beißkorb braucht er nicht.''

Die Mutter steht im Garten. Sie hat die Kinder schon gesucht und sich Sorgen gemacht.

8

,,Ist etwas passiert, Herr Dunkelmann?" fragt sie.
,,Nein, wir haben Glück gehabt. Hier bringe ich Ihnen zwei Verkehrssünder!"
Der Dackelmann erzählt, was geschehen ist, und die Mutter wird blaß vor Schreck.
,,Der Niko war schuld!" sagt Ina.
,,Der Ball war schuld!" sagt Niko.
,,Ihr beide wart schuld!" sagt der Dackelmann. Und zur Mutter sagt er: ,,Soll ich den zwei Verkehrssündern beibringen, wie man sich auf der Straße benimmt?"
,,Ach, das wäre sehr freundlich von Ihnen", sagt die Mutter.
,,Gut, dann komme ich morgen nachmittag. Wir werden ein bißchen spazierengehen."
Die Mutter ist froh. Sie bedankt sich bei Herrn Dunkelmann.
,,Und der Lumpi?" fragt Niko. ,,Kommt der mit?"
,,Der Lumpi kommt auch", sagt der Dackelmann.
,,Dann dürfen aber Tom-Tom und Lalibella auch mitgehen", sagt Niko.
Er hat die ganze Zeit zum Fenster hinaufgeschaut, wo Tom-Tom und Lalibella warten.
,,Hallo Tom-Tom! Hallo Lalibella! Wir sind wieder da!"
Tom-Tom dreht ihnen den Schwanz zu. Das tut er immer, wenn er beleidigt ist.
,,Wo wart ihr?" fragt Lalibella. ,,Und wo ist der Ball hingekommen?"
,,Unters Auto. Und wir beinah auch."
,,Was? Unters Auto?" Tom-Tom vergißt, daß er beleidigt ist. Er tastet die Kinder mit dem Rüssel ab, ob sie auch heil und ganz sind.
,,Wie kann man nur so dumm sein und auf der Straße einem Ball nachlaufen!" schimpft er.
,,Das kommt davon, weil ihr uns nie mitnehmt", schimpft Lalibella. ,,Dann paßt keiner auf euch auf."
,,Wir lernen auf uns selber aufpassen", sagt Ina. ,,Wir machen morgen mit dem Dackelmann einen Spaziergang. Und ihr dürft mit."

Lalibella und Tom-Tom, Ina und Niko stehen vor der Gartentür. Da kommt der Dackelmann mit Lumpi. Tom-Tom und Lalibella haben weiße Pappschilder um den Hals. Darauf steht, wie sie heißen und wo sie wohnen.
,,Sehr schön‘‘, sagt der Dackelmann und lacht. ,,Und du, Niko?‘‘ fragt er.
,,Ich brauch’ das nicht. Überhaupt nicht!‘‘ sagt Niko. ,,Ich heiße Nikolaus Kra-toch-wil und wohne Lin-den-baum-straße acht – gute Nacht.‘‘
,,Bravo!‘‘ sagt der Dackelmann. ,,Und jetzt geht’s los! Zeigst du mir deinen Schulweg, Ina?‘‘ fragt er dann, ,,gehst du allein?‘‘
,,Die Mama bringt mich und holt mich. Weil sie Angst hat.‘‘
,,Und du? Hast du keine Angst?‘‘
,,Doch, ich auch‘‘, sagt Ina. Ihr Schulweg ist nicht lang, aber sie muß ein paarmal über die Straße.
,,Aufgepaßt!‘‘ sagt der Dackelmann. ,,Erste Frage: Wie geht man über die Straße?‘‘

,,Man muß schauen'', sagt Ina. ,,Das haben wir schon gelernt: Erst links, dann rechts, dann wieder links – und wenn dann nichts kommt . . .''
,,Richtig. Und wo ist links?''
,,Gleich, ich muß nachgucken!''
Ina hebt ihr Kleid und sucht den braunen Leberfleck über dem Knie.
,,Ein lllinker Llleberfleck'', lacht der Dackelmann. ,,Sehr praktisch.''
,,Und ich?'' Niko krempelt die Hosenbeine auf und schaut seine Knie an.
,,Nichts'', sagt er. ,,Ich hab' überhaupt nichts.''
Der Dackelmann zieht ein lila Seidenband aus der Tasche und bindet es ihm ums Handgelenk. ,,Ein lllinkes lllila Band.''
,,Und Tom-Tom?'' fragt Niko.
,,Und Lalibella?''
Zum Glück hat der Dackelmann noch mehr lila Bänder in der Tasche.
,,Und was machen die Kinder, die keinen Leberfleck haben und kein lila Band?'' fragt Niko.
,,Denen gibt ihre Mama einen Tupf Nagellack auf den kleinen Finger'', sagt Ina. ,,Neben mir sitzt der Alex. Der hat sowas.''
,,So, jetzt weiß jeder, wo links ist, und jetzt probieren wir's'', sagt der Dackelmann.

Sie stehen alle miteinander am Gehsteigrand, schauen nach beiden Seiten, links-rechts-links, warten, bis die Straße frei ist, und gehen dann schnell über die Lindenbaumstraße. Drüben sehen sie ein Schild für Fußgänger und biegen in die Krumme Allee ein.
Bald darauf stehen sie wieder vor einer Querstraße.

Die Krumme Allee führt über die Grabenzeile. Die Grabenzeile ist eine Einbahnstraße. Dort fahren die Autos nur in einer Richtung – aber sie fahren sehr schnell.
Lalibella stupst Tom-Tom an. ,,Puh!“ sagt sie, ,,meine Ina hat einen gefährlichen Schulweg.“
Tom-Tom nickt und rollt ängstlich den Rüssel ein. Die Autos flitzen und sausen und stinken, daß ihm angst und bang wird.
Die nächste Querstraße ist Inas Schulstraße und auch eine Einbahn. Die Autos fahren in entgegengesetzter Richtung.
Ina zeigt auf ihre Schule, ein hohes Haus mit vielen Fenstern.
,,Morgens und mittags ist immer ein Polizist vor unserer Schule. Der steht mitten auf der Straße und hält die Autos auf, damit die Kinder gut hinüberkommen.“
,,Und das komische Geländer vor der Schule?“ fragt Niko. ,,Damit die Kinder klettern lernen?“
,,Das ist kein Geländer“, sagt der Dackelmann. ,,Das ist ein Sicherheitsgitter. Es hält die Kinder auf, wenn sie mittags wie die Wilden ins Freie stürzen. Stimmt es, Ina?“
,,Das stimmt.“

Der Dackelmann denkt nach. Dann sagt er dasselbe wie Lalibella: ,,Ich finde, du hast einen gefährlichen Schulweg, Ina. Kein Wunder, daß deine Mama Angst hat. Sollten wir nicht einen besseren suchen?''

Wieder stehen sie am Gehsteigrand. Wieder warten sie, bis nichts kommt. Wieder gehen sie rasch hinüber. Sie spazieren die Schulstraße entlang. Bei der nächsten Ecke kreuzen sich die Schulstraße und die Eichenstraße. Oben ist eine große Ampel. Weiter unten sind die Ampeln für die Fußgänger. Und ganz unten sind die Zebrastreifen.

,,Bei Rot, da muß man stehn, bei Grün, da darf man gehn'', schreit Niko. ,,Das weiß ich aus dem Kindergarten.''

Sie warten, bis die Ampel Grün zeigt, schauen und gehen dann über die Eichenstraße. Drüben warten sie, bis die Ampel wieder Grün zeigt, und gehen über die Schulstraße.

,,Gib acht, Ina'', sagt der Dackelmann. ,,Wenn wir jetzt die Eichenstraße geradeaus hinunter gehen zur Kreuzung Lindenbaumstraße, dann . . .''

,,Dann ist mein neuer Schulweg ja ein Ampelweg!'' ruft Ina. ,,Da gehe ich morgen schon allein.'' Ina ist froh.

Mode

Auch Lalibella ist froh. ,,Ist das nicht toll, Tom-Tom?" ruft sie. Aber Tom-Tom ist nicht da.
Er ist vor einem Spielwarengeschäft stehengeblieben und dann vor einem Obst- und Gemüseladen. Als er endlich weitergeht, sieht er die anderen nicht mehr.
Aber er sieht genau vor seiner Rüsselnase einen Einkaufskorb mit grünen Trauben, roten Äpfeln, gelben Bananen.
,,Schenkst du mir eine?" fragt Tom-Tom die Frau mit dem Korb.
Und weil es ihm zu lange dauert, bis sie ja sagt, pflückt er sich die größte Banane und trottet weiter.

Niko dreht sich plötzlich um.
,,Wo ist Tom-Tom?"
Sie rufen und suchen. Lalibella renkt sich fast den Hals aus. Lumpi rennt aufgeregt hin und her.
Tom-Tom ist verschwunden.

,,Gut, daß er sein Schild umhat'', sagt Ina. ,,Jemand wird ihn schon bei uns abgeben . . .''
,,Mein Tom-Tom!'' Niko fängt an zu weinen.
Lalibella entdeckt Tom-Tom auf der anderen Straßenseite. Nicht den ganzen Tom-Tom, nur seinen Rüssel mit der Banane. Weil die Lindenbaumstraße an beiden Seiten vollgeparkt ist mit Autos.
,,Hallo, Tom-Tom!'' schreit Niko und winkt. ,,Wir holen dich!''
,,Nächste Frage'', sagt der Dackelmann. ,,Wie geht man

über eine Straße, wenn überall am Rand Autos stehen?“
Er nimmt die Kinder bei der Hand und macht zuerst zwischen zwei Autos einen großen Schritt nach vorn.
„Könnt ihr sehen, ob etwas kommt? Nein? Noch nicht? Dann gehen wir noch einen Schritt! So. Und jetzt beugen wir uns vor, damit wir etwas sehen und die Straße überblikken. Wir schauen links-rechts-links – und wenn jetzt nichts kommt, hinüber mit uns!“
Tom-Tom trompetet vor Freude, als sie bei ihm sind.

„Schade, daß nicht überall Zebrastreifen sind“, sagt Ina. „Da muß man nicht aufpassen. Da darf man alles.“
„Alles?“ Der Dackelmann schüttelt den Kopf.
„Überhaupt nicht alles!“ ruft Niko.
„Was zum Beispiel nicht?“
„Nicht Tempelhupfen!“
„Nicht Purzelbaum schlagen!“
„Nicht andere Kinder Huckepack tragen!“
„Nicht Fangen spielen!“
„Nicht rennen, nicht raufen!“
„Und nicht einem rollenden Ball nachlaufen!“
„Und noch etwas darf man nicht“, sagt der Dackelmann:
„Man darf kein Traummännlein sein, kein Hans-guck-in-die-Luft! Auf der Straße ist Träumen verboten. Immer! Auch bei Grün! Auch auf dem Zebrastreifen!“

FRITZ
FRATZ

In der Lindenbaumstraße saust Lumpi bis zur Nummer 14 und bellt ein Auto an, das dort vor der Tür steht. Es gehört dem Dackelmann.
,,Ist der Spaziergang schon zu Ende?" fragt Ina. ,,Können wir nicht eine Spazierfahrt dranhängen?"
,,Aber gern", sagt der Dackelmann.
Bevor sie einsteigen, zeigt er den Kindern, daß sein Auto in Ordnung ist: die Reifen, die Blinker, die Lampen, die Scheibenwischer, das Rücklicht. Er zeigt ihnen die Gurte auf dem Rücksitz und die Kindersicherung an den Türen. Niko darf kurz die Hupe probieren.
,,Das alles ist wichtig, wenn man sicher fahren will", sagt der Dackelmann.
Sie steigen ein und gurten sich an. Lumpi liegt zwischen den Kindern.
,,Darf Lalibella den Kopf zum Dach hinausstrecken?" fragt Niko.
,,Sie darf. Weil sie eine Giraffe ist."
Der Dackelmann fährt los.
,,Hab mein' Wagen vollgeladen", singt er.
,,Halt", ruft Niko. ,,Da sind Lalibella und Tom-Tom auf einem Plakat."
,,Hier darf ich nicht stehenbleiben. Hier ist ein Schild: Halteverbot."
Sie fahren auf eine Kreuzung zu. Die Ampel springt von Grün auf Gelb.
,,Schnell!" ruft Ina. ,,Dann kommen wir noch rüber."
,,Nein!" Der Dackelmann läßt den Wagen ausrollen und hält an. ,,Gelb heißt stehenbleiben und warten."
,,Dann muß Nikos Spruch aber anders heißen", sagt Ina.

,,Bei Rot und Gelb,
da mußt du stehn,
und *nur* bei Grün,
da darfst du gehn."

,,Richtig!" sagt der Dackelmann. ,,Wer bei Gelb lossaust, ist ein Verkehrssünder. Stellt euch vor, was passiert, wenn das alle machen."

ZOO
SPIEL
TE
DI

So stellt sich Niko einen Zusammenstoß vor

„Bum!“ schreit Niko. „Dann krachen sie zusammen.“
„Unser Papa“, sagt Ina, „der flitzt bei Gelb meistens noch rasch hinüber.“
„Das soll er lieber nicht“, meint der Dackelmann.
„Unser Papa, der fährt überhaupt viel schneller als du“, sagt Niko.
„Das soll er auch nicht.“
„Und wenn ein Auto vor uns fährt, dann fährt er immer ganz dicht hinterher.“
„Auch das soll er nicht.“
Plötzlich schießt mit lautem Tatü-Tatü ein Rettungswagen an ihnen vorbei.
Lalibella und Tom-Tom ziehen erschrocken die Köpfe ein.
„Der darf schneller fahren als alle anderen!“ sagt der Dackelmann. „Der hat Vorfahrt. Das Rote Kreuz, die Rettung,

die Polizei – und wer noch?"
„Die Feuerwehr!" rufen die Kinder.
In der Lindenbaumstraße acht ist die Fahrt zu Ende.
Ina und Niko steigen aus.
„Sie schütteln dem Dackelmann die Hand und Lumpi die Pfote.
„War's schön?" fragt die Mutter.
„Ich hab' einen neuen Schulweg", sagt Ina. „Den kann ich allein gehen."

Am Sonntag wundert sich der Vater: Bevor die Kinder einsteigen, wandern sie um das Auto herum.
„Papa, die Hinterräder sind aber ziemlich abgefahren!"
„Papa, schalt bitte den Blinker an! Jetzt den anderen. Jetzt die Scheinwerfer!"
Als sie endlich losfahren, geht es weiter:
„Papa, du fährst zu schnell! Das darf man nicht."
„Papa, du fährst viel zu nah an das Vorderauto ran. Das darf man nicht."
Und als sie an eine Kreuzung kommen: „Gelb, Papa, bleib stehn! Bei Gelb fahren – das darf man nicht."

Der Vater seufzt ein bißchen.
„Aber eine Sonntagszeitung kaufen – das darf ich doch?"
Er bremst vor einem Zeitungsständer.
„Nein!" rufen die Kinder.
„Papa, da ist doch ein Halteverbot!"
„Mir scheint, ich mache alles verkehrt", brummt der Vater.
„Der Papa ist ein Verkehrtsünder", sagt Niko.

Der Vater lacht. ,,Ein Verkehrtsünder mit zwei obergescheiten Kindern! Wenn ihr einmal groß seid und ein Auto habt, dann macht ihr sicher nie einen Fehler.‘‘

,,Wir kaufen uns kein Auto‘‘, sagt Ina.

,,Überhaupt kein Auto‘‘, sagt Niko. ,,Wir kaufen uns einen Hubschrauber. Da haben wir den ganzen Himmel für uns!‘‘